BIBLIOTHÈQUE MORALE

DE

LA JEUNESSE

—

7ᵉ SÉRIE. IN-12

CHOSES UTILES

LES
SERRES DE M. FLEURY

LES FLEURS ET LES FRUITS

Par Henri VAN LOOY

ROUEN

MÉGARD ET Cⁱᵉ, LIBRAIRES-ÉDITEURS

1885

SERRES DE M. FLEURY.

— Que ferons-nous aujourd'hui, bon papa ? demanda Emilie à M. Denis, en entrant dans le cabinet de travail de son aïeul.

— Nous irons à Auteuil, mon amie, visiter les serres et le beau jardin de M. Fleury. As-tu donc oublié l'invitation à dîner qu'il nous a fait parvenir la semaine dernière ? Si nous voulons aller le voir avant la fin de tes vacances, il est grand temps de nous presser....

— En effet, bon papa, nous quittons Paris dans quelques jours.

— Eh bien ! va prévenir Charles, Jules et Alfred.

C'était par une belle matinée de septembre. Un soleil radieux brillait au ciel et promettait une journée splendide. Le voyage se passa gaiement. La petite société trouva M. Fleury dans son jardin, assis sous un berceau de verdure et lisant un journal d'horticulture. Il accueillit cordialement M. Denis et les jeunes gens, leur offrit un rafraîchissement, puis, après une courte conversation, il les invita à parcourir sa propriété.

Le jardin de M. Fleury était réellement curieux à voir. Il y avait de tout, mais sans désordre et sans confusion. Dahlias, roses, campanules, géraniums, zinnias, balsamines, reines-marguerites, immortelles, étalaient leurs nombreuses et brillantes variétés, par ordre de taille, dans des parterres bordés de buis et soigneusement entretenus. Toutes les plantes étaient étiquetées avec la plus grande exactitude. Il en était de même des arbres fruitiers : chaque pêcher, chaque poirier avait son nom. M. Denis et ses jeunes compagnons ne pouvaient retenir l'expression de leur étonnement.

— J'aime tant les fleurs ! dit Emilie. Je regrette souvent que nous n'ayons à la maison qu'un tout petit jardin enfumé, où elles ne peuvent guère végéter. Tout est beau chez vous, monsieur Fleury, tandis que, chez papa, les mêmes plantes que je vois ici sont étiolées, sans vigueur, et même la plupart ne fleurissent jamais.

— C'est que l'air et le soleil sont indispensables à la vie des végétaux, ma jeune amie, répondit M. Fleury en souriant. Les plantes, comme l'homme, ont besoin de respirer à l'aise pour se bien porter.

— Vous avez des fleurs de toutes sortes, monsieur, dit Jules. Et ces serres que j'aperçois là-bas en sont encore remplies !

— Voulez-vous y venir ?

— J'allais vous le demander, monsieur. Je désirerais surtout visiter une serre chaude.

— Entrez donc, dit M. Fleury.

La plupart des arbustes et des fleurs étaient d'une si grande beauté de forme et de couleur, que tout le monde en fut ravi. Il y avait là beaucoup de plantes que les jeunes gens n'avaient jamais vues auparavant, et qu'ils avaient bien souvent désiré connaître.

— Vois, Emilie, dit Charles : voici l'arbre à thé et le caféier que grand-papa nous a déjà montrés au Jardin des Plantes. Ici le caféier est chargé, en même temps, de ses fruits presque violets et de ses jolies fleurs blanches.

— Et voilà le cacaoyer et le bananier, ajouta M. Fleury.

— Quelles larges feuilles ! s'écria Emilie; quelle vigueur de végétation !

— Ici, c'est le papyrus, originaire d'Egypte, reprit M. Fleury. La tige de cette plante est faite de feuilles minces, enroulées l'une sur l'autre. Les Egyptiens enlevaient ces écorces de la tige, les aplatissaient bien, les collaient ensemble, puis les polissaient avec une pierre très unie. Alors ils écrivaient dessus. Les Romains ne connaissaient pas d'autre papier, car celui dont nous nous servons date seulement du commencement du xie siècle.

— Il fait bien chaud dans cette serre, observa M. Denis.

— Oui, sortons, car la chaleur pourrait nous incommoder, dit M. Fleury. Visitons maintenant cette serre au raisin : nous y respirerons plus à l'aise.

— Il y a presque autant de grappes que de feuilles, et quelles grappes ! dit Emilie. Elles sont énormes.

— Je taille et cultive moi-même toutes mes vignes. Vous voyez que j'ai obtenu un magnifique résultat cette année ; mais il faut beaucoup de soins, beaucoup de persévérance pour réussir....

— Avez-vous aussi des vignes en plein air ? demanda M. Denis.

— Quelques-unes, mais au midi et palissées contre les murs. Le raisin mûrit si difficilement à l'air libre, continua M. Fleury en sortant de la serre à vignes.

J'ai quelquefois entrepris la lecture d'un traité de botanique, dit Alfred, en montrant à M. Fleury un massif de dahlias tout en fleurs, mais j'ai été rebuté immédiatement par les termes étranges dont se servait l'auteur. Je vous avoue, monsieur, que je ne me fais pas même une idée bien nette des parties qui composent un végétal.

— Toute plante, mon ami, répondit M. Fleury, se compose ordinairement d'une racine, d'une tige, de feuilles, de rameaux et de fleurs. La fleur produit les graines qui servent à la reproduction de la plante.

La racine est cette partie de la plante qui, enfoncée dans la terre, sert à l'y fixer et à y puiser sa nourriture, au moyen de suçoirs qui se trouvent à l'extrémité de ses ramifications.

On nomme tige cette partie du végétal qui s'élève au-dessus du sol ; elle tient à la racine par une espèce de nœud auquel on a donné le nom de collet.

Ordinairement verte, la feuille est un appendice de la tige ou du rameau, portant un ou plusieurs bourgeons à son aisselle. Les feuilles, avec les racines, sont les organes principaux de la nutrition des plantes ; elles puisent dans l'air les substances gazeuses et liquides qui peuvent servir à l'accroissement du végétal. Elles servent en outre à la transpiration et à l'exhalaison des matières devenues inutiles à la végétation ; c'est dans leur tissu que la sève, absorbée par la racine et transmise par la tige, se dépouille de ses sucs aqueux et acquiert toutes ses facultés nutritives.

Les rameaux sont le développement des bourgeons qui se trouvent à l'aisselle des feuilles. Certains bourgeons, plus gros que les autres, renferment le bouton, d'où sort la fleur.

On prend communément pour la fleur ce qui n'en forme qu'une partie, c'est-à-dire la corolle, parce qu'elle est revêtue de brillantes couleurs. C'est une grave erreur. Mademoiselle Emilie, voudriez-vous cueillir là-bas cette fleur rouge vif?

— Très volontiers, monsieur. Comme elle sent bon !

— C'est un œillet simple, et tout le monde connaît le parfum de l'œillet, n'est-ce pas ?... Au moyen de cet œillet, je vais vous détailler toutes les parties dont se compose une fleur complète.

M. Denis, Jules, Charles et Alfred s'approchèrent de M. Fleury, pour mieux voir.

Je vais procéder, mes amis, reprit-il, de l'extérieur à l'intérieur. Voici d'abord une partie verte, divisée au sommet par cinq dents, et qui recouvrait entièrement les parties colorées de la fleur lorsqu'elle était en bouton. Cette partie, c'est le calice, ou enveloppe extérieure de la fleur.

Enlevons-la avec précaution. Voyez-vous maintenant, disposées sur un rang plus intérieur, cinq parties distinctes et d'une consistance beaucoup plus délicate que le calice ? Ce sont les pétales, dont l'ensemble forme la corolle, ou enveloppe intérieure de la fleur.

Vous comprenez déjà que le calice et la corolle ne sont point les parties essentielles d'une fleur, mais servent seulement à la protéger.

Rapprochons-nous encore du centre de cet œillet. Qu'y trouvons-nous ? Voici ma loupe, regardez, monsieur Alfred.

— Dix filets minces, d'une structure

assez analogue à celle des pétales ; ils ont à leur sommet des espèces de petites vessies jaunes....

C'est bien cela, reprit M. Fleury, et les vésicules jaunes contiennent une pous—sière particulière. Ces dix filets minces sont les étamines, l'un des organes essentiels de la fleur. Enfin, tout à fait au centre de l'œillet, que voyez-vous ?

— Un corps assez gros, répondit Alfred, qui avait repris la loupe ; il est cylindrique à la base et terminé à sa partie supérieure par deux filets divergents....

— Le corps que vous venez de décrire, mon ami, s'appelle pistil. C'est le second organe essentiel de la fleur.

Maintenant que vous savez distinguer les différentes parties d'une fleur, examinons chacune d'elles en particulier.

Le calice est, comme nous l'avons vu, la

partie verte et ordinairement foliacée qui entoure la corolle et les organes essentiels à la production des graines. On dit que le calice est monophylle, lorsqu'il ne présente qu'une seule pièce distincte, quelque travaillée qu'elle soit; il est polyphylle, lorsque, au contraire, il est formé de plusieurs pièces complètement séparées les unes des autres. Ces mots viennent du grec et signifient une seule feuille, plusieurs feuilles.

La corolle, ou enveloppe florale intérieure, est d'une contexture beaucoup plus délicate que le calice, et d'une nature tout à fait analogue aux filets des étamines. Cette analogie des filets des étamines et de la corolle explique la transformation si fréquente de ceux-ci en pétales, ce qui donne lieu à ce qu'on nomme fleurs doubles. La corolle offre aussi cela de remarquable qu'elle est tou—

jours colorée, ce qui, en langage botanique, signifie qu'elle n'est jamais verte.

La corolle est dite monopétale lorsqu'elle est d'une seule pièce, comme dans le lilas et le jasmin, et polypétale lorsqu'elle est formée de parties distinctes, comme dans l'œillet et la rose. Quand la corolle est polypétale, chacune des pièces qui la composent a reçu le nom de pétale.

L'étamine, premier organe essentiel de la fleur, se compose de trois parties : le *filet*, qui supporte les petites vessies jaunes, dont la réunion a reçu le nom d'anthères. L'*anthère*, comme vous l'avez vu dans l'œillet, est un petit sac ; et la poussière jaune de ce sac, la semence qui doit produire la graine. L'anthère est ordinairement située au sommet du filet. La poudre fécondante qui est contenue dans la cavité de l'anthère s'appelle *pollen*.

Le pistil, second organe essentiel de la fleur, se compose aussi de trois parties : le stigmate, le style et l'ovaire. Le *stigmate* est un corps spongieux, placé le plus souvent au sommet du style, et destiné à recevoir le pollen ou semence. Le pollen passe à travers le *style*, sorte de filet mince ou de petite colonne, dont la base repose sur l'ovaire et communique avec lui. L'*ovaire* est un réceptacle charnu renfermant les graines.

Lorsque l'ovaire a reçu le pollen et que les graines commencent à s'y développer, il prend le nom de fruit. Le fruit se compose de deux parties, le péricarpe, ou enveloppe, et la graine. Le péricarpe est quelquefois charnu, comme dans la poire, par exemple, dont les pépins sont la graine du poirier. C'est par la graine que les plantes se reproduisent.

En effet, dès que la graine est placée dans des conditions convenables à la germination, elle se gonfle en absorbant l'humidité, son enveloppe se rompt, la petite racine sort et se dirige vers la terre, la tige microscopique s'élève ; deux lobes charnus, sous forme d'excroissance, s'échappent de l'enveloppe, s'étalent, et la jeune plante y trouve sa première nourriture. Ces lobes charnus s'appellent cotylédons, d'un mot grec qui veut dire écuelle. Si vous avez parfois vu germer des haricots, vous pourrez facilement vous faire une idée de ces organes, où la plante trouve un aliment avant de pouvoir tirer sa subsistance du sol même où elle est destinée à croître. Mais bientôt la plante, munie des appareils nécessaires à son existence propre, voit les cotylédons se flétrir et disparaître ; le nouvel être est constitué.

Et maintenant que vous avez vu mes fleurs, voulez-vous, en attendant le dîner, venir faire une petite excursion à mon jardin fruitier ?

— Très volontiers, répondit M. Denis.

Ce jardin était distribué en carrés, séparés par des allées assez larges pour la circulation, et chaque carré, divisé en planches, présentait sur chacune de ses faces, le long des allées, une plate-bande large de deux mètres environ, dans laquelle M. Fleury avait planté alternativement des poiriers en pyramides, des pommiers en buisson et des groseilliers. Le long de ces plates-bandes s'étendaient, sur des fils de fer galvanisés, des pommiers nains dirigés en cordons horizontaux.

— Voyez ces belles poires, dit M. Fleury. Ici, c'est le beurré Durondeau, la Fondante des bois, le beurré d'Amanlis ; plus loin, la duchesse d'Angoulême, le beurré Hardy, le soldat laboureur : toutes ces poires seront bientôt mûres. Mes poires de conserves, celles que l'on mange pendant l'hiver, sont placées en espalier contre les murailles. La récolte sera abondante cette année, et je pourrai en faire part à mes amis : je ne vous oublierai pas, mon cher monsieur Denis....

— Vous êtes mille fois trop bon, répondit l'aïeul en s'inclinant.

— Je n'ai jamais vu de si belles pommes, dit Charles.

— Et presque tous les cordons sont d'espèces différentes! ajouta Jules.

— Oui, reprit M. Fleury, j'ai réuni dans ce jardin près de deux cents variétés de pommes. Elles sont toujours beaucoup plus grosses sur les cordons qu'en plein vent.

— Tiens ! vous avez encore des fraises,

monsieur Fleury ! dit Emilie ; des fraises au mois de septembre ?

— Ce sont des fraisiers des quatre-saisons, dits de tous les mois. Comme je l'ai fait ici, ce fraisier se plante ordinairement en bordure. Je possède, du reste, de nombreuses variétés de grosses fraises. Les noms, comme vous le voyez, sont inscrits sur les étiquettes, et je ne vous apprendrais rien en les citant.

Vous avez là des espaliers magnifiques, dit M. Denis.

— Je les soigne avec amour, répondit M. Fleury. Au levant et au midi, j'ai placé des pêchers, des abricotiers, quelques cerisiers, pour avoir des fruits plus précoces ; au couchant, beaucoup de poiriers de fin d'automne et d'hiver ; au nord, je n'ai planté que quelques poiriers d'été. Aucun fruit ne prospère à cette dernière exposition, sauf le cerisier du Nord, le framboisier et le groseillier. Ainsi que vous le voyez, tous ces arbres ont été élevés en palmette, en éventail et en cordons obliques. Voici les quelques vignes que je cultive en plein air : elles sont palissées contre le mur, à l'angle du jardin le plus exposé au soleil, afin que le raisin mûrisse plus facilement. Les variétés de gros raisins tardifs ont trouvé place dans la serre que vous avez visitée tout à l'heure.

— Ce doit être une chose bien difficile que d'obtenir, par la taille, des arbres si beaux, si réguliers ? demanda M. Denis.

— Beaucoup moins difficile que vous ne le pensez, monsieur, répondit l'arboriculteur. Il suffit, pour y parvenir, de quelques leçons et d'un peu de pratique. Malheureusement, les jardiniers mutilent souvent les arbres à tort et à travers ; et plutôt que d'en agir ainsi, il vaudrait infiniment mieux ne pas les tailler du tout et se borner à supprimer les rameaux gourmands et ceux qui font confusion.

Mais parcourons rapidement le potager, en suivant les allées qui longent les murailles.

Cette partie est réservée aux abricotiers et aux pêchers. L'abricotier, sous le climat du nord de la France, ne donne presque jamais de fruits en plein vent. Il exige l'espalier au midi, où je le cultive en éventail. Le pêcher, plus délicat encore que l'abricotier, demande une taille spéciale et raisonnée. Vous pouvez voir que les murailles sont bien garnies et que j'obtiens des fruits en abondance. Toutes les pêches précoces sont déjà cueillies. Vous en goûterez tout à l'heure.

Le cerisier s'accommode aussi fort bien

de l'espalier ; il en est de même du prunier.
Cependant la place de ces deux arbres fruitiers est plutôt dans le verger, où ils pros-
pèrent parfaitement et peuvent prendre tout
leur développement.

— Et quel est cet arbrisseau, dont
les feuilles sont si belles ? demanda
Emilie.

— C'est un figuier. Désirez-vous cueillir
quelques figues ? Grâce à la chaleur de cet
été et surtout à la position de l'arbre
contre la muraille, je vois qu'elles sont
presque mûres....

— Merci, monsieur. Il y a vraiment de
tout dans votre jardin.

— J'ai tâché d'y réunir, autant que pos-
sible, l'utile à l'agréable. Ainsi, dans
l'enclos voisin que vous apercevez d'ici, et
où nous irons après le dîner, j'ai planté des
cornouillers, dont les fruits sont déjà

rouges comme des cerises, deux mûriers, un châtaignier, un noyer.... Mais j'entends la voix de Gaspard, mon domestique : il vient nous annoncer que le dîner est servi.

Le repas fut gai. Au dessert, parurent sur la table les plus beaux fruits du jardin de M. Fleury.

— Que vous êtes heureux, monsieur, dit Emilie, d'avoir tant et de si belles fleurs ! J'envie réellement votre sort....

— Généralement nous naissons tous un peu jardiniers, interrompit M. Denis. La culture des fleurs et des fruits est la première inclination de l'homme.

— Rien n'est plus vrai, dit à son tour M. Fleury. Dès que les affaires nous permettent de respirer quelques moments en liberté, une pente secrète nous ramène au jardinage. Le marchand se croit heureux de pouvoir passer du comptoir à ses fleurs ; l'ouvrier, qu'une dure nécessité attache toujours au même endroit, orne sa fenêtre d'une caisse de verdure ; le militaire et le magistrat soupirent également après la vie champêtre : ils quittent la ville pendant quelques mois de l'année pour jouir des charmes de la campagne. Tous alors parlent de jardinage, et la plupart se piquent d'en savoir les plus belles opérations

— J'admire toujours le jardin du pauvre, ajouta M. Denis. Près d'une habitation ouvrière, on voit souvent une enceinte irrégulière, dans laquelle on n'aperçoit d'abord aucun sentier : quelques lattes entr'ouvertes en forment la muraille, et de longs haricots d'Espagne en font bientôt la tapisserie. Une oseille épaisse et bien verte, quelques choux, des poix ramés sur des branches inégales, quelques raies garnies d'oignons, quelques autres garnies de laitues : voilà le petit jardin qui console le pauvre.

— Oh ! quant à moi, dit Emilie, tous ces légumes ne me disent rien ; et si j'étais pauvre, j'emplirais de fleurs mon petit enclos. J'y mettrais des giroflées, des capucines, des roses....

— Vraiment ! mademoiselle, interrompit M. Fleury ; mais avec vos belles fleurs, vous ne pourriez faire ni potage, ni salade, tandis que le jardin du pauvre lui en fournit les éléments ; aussi les ouvriers comprennent qu'ils ne peuvent sacrifier l'utile à l'agréable. Un chou, un plat de petits pois, une laitue sont pour lui plus précieux qu'une rose. Ce n'est pas à dire pour cela que je ne préfère aussi les fleurs, moi qui ai le moyen d'acheter des légumes quand il n'en vient pas dans mon jardin. Les fleurs ! Delille avait bien raison d'écrire ces beaux vers :

..... Les fleurs, luxe de la nature ;
Les fleurs, son plus doux soin : les fleurs, berceaux des
Quelle forme élégante et quel frais coloris !   [fruits ;
C'est l'azur, le rubis, l'opale, la topaze,
Tournés en globe, en frange, en diadème, en vase :
Les fleurs charment le goût, l'odorat et les yeux ;
Dans les palais des rois, dans les temples des dieux,
Souvent l'or fastueux le cède à leurs guirlandes....
Pour rendre leurs contours, leur flexible souplesse,
Le marbre même semble emprunter leur mollesse ;
Le peintre les chérit ; sous les doigts du brodeur,
L'art n'en laisse au désir regretter que l'odeur.

— Vous venez de citer de beaux vers, monsieur, dit Alfred. Ils mériteraient d'être appris par cœur.

— Ils sont tirés du poème des *Jardins*, mon ami.

— J'ai cet ouvrage dans ma bibliothèque, ajouta M. Denis. Je te le prêterai volontiers.

— J'étudierai certainement la botanique, dit Jules.

— Et moi aussi, ajouta Charles. Mais comment se reconnaître, monsieur Fleury, au milieu de cette multitude de plantes qui couvrent la surface de la terre?

— Si la nature, mon ami, a répandu une prodigieuse quantité de végétaux sur le globe que nous habitons, elle a aussi donné à certains d'entre eux un air de famille qui semble nous inviter à les rassembler dans notre esprit. Ainsi, par exemple, les plantes qu'on appelle graminées, d'un mot latin qui signifie herbe, se ressemblent toutes. Le chiendent, le blé, le seigle, l'avoine, les gazons de nos prairies, offrent à nos yeux une structure identique.

Aussi l'idée de classer les végétaux par familles commença à occuper les botanistes aussitôt que cette science eut pris quelque développement. Linnée, par ses travaux incessants, ses belles descriptions et les dénominations si justes qu'il sut donner aux plantes, avança de beaucoup la solution du problème ; mais il était réservé à Jussieu de présenter l'ensemble des familles végétales.

Je vais essayer de vous faire comprendre comment on est parvenu à distribuer méthodiquement les végétaux en groupes nettement déterminés.

Sachez d'abord que les botanistes ont distribué toutes les plantes en classes, familles, genres et espèces. Je vais vous rendre la chose plus sensible par un exemple.

Vous connaissez tous le persil. Supposez donc que vous ayez en mains une plante fleurie. La structure remarquable qui préside à la réunion des fleurs disposées en forme d'ombrelle ou de parapluie vous frappera tout d'abord. Cependant, à l'aide d'un ouvrage de botanique spécial, vous analyserez une de ces nombreuses petites fleurs, et vous arriverez, au moyen des indications du livre et des caractères de cette fleur, à la *classe* qui renferme la famille à laquelle appartient le persil.

En étudiant cette classe, et toujours par l'analyse, vous trouverez, parmi les familles qui composent ladite classe, la *famille* du persil, c'est-à-dire celle des ombellifères ou des plantes qui ont les fleurs disposées en ombelles.

Poursuivant votre analyse, vous trouverez également, parmi les *genres* qui composent la famille des ombellifères, le genre *apium,* et dans ce genre l'espèce *apium petrose-linum,* ce qui en français signifie persil. Une autre *espèce* de ce même genre est le céleri, *apium graveolens.* Il est plus grand que le persil, mais il lui ressemble beaucoup.

— Tout cela est bien difficile, dit Emilie.

— Sans doute. Il faut avoir étudié tous

les caractères botaniques d'une plante et savoir un peu de latin. Mais ce n'est pas ici le lieu d'entrer dans de plus grands détails. Qu'il me suffise de vous dire que la détermination ou l'analyse d'une plante dont on désire savoir le nom, s'opère à l'aide des caractères spéciaux que présentent le calice, la corolle, les étamines, le pistil, la graine, les feuilles, la tige, la racine, etc.

— Si vous le permettez, monsieur Fleury, dit Charles, lorsque ce dernier eut cessé de parler, je voudrais bien visiter votre verger.

— Je suis tout à votre disposition, mes amis ; mais auparavant passons au salon, où le café nous attend sans doute.

Quelques heures plus tard, les jeunes gens. réellement enchantés du bon accueil que leur avait fait M. Fleury, reprenait gaiement, en compagnie de leur aïeul, la route de Paris.

Hélas ! le temps des vacances s'écoula trop rapidement pour eux, au milieu des distractions agréables et si instructives que ne cessait de leur procurer M. Denis. Cependant Charles, Jules et Alfred rentrèrent au collège avec l'intention bien arrêtée d'étudier sérieusement. Quant à Emilie, la fin des vacances lui parut moins pénible, parce qu'elle achevait ses classes dans un externat de demoiselles, ce qui lui permettait de ne pas quitter ses parents bien-aimés.

FIN.

Rouen. — Imp. MÉGARD et C⁰, rue Saint-Hilaire, 136.